科学探秘
培养儿童科学基础素养

U0192222

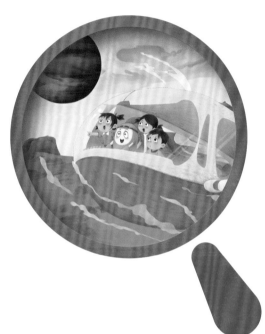

了解太阳系
太阳系的奇妙春游

温会会 / 文　曾平 / 绘

浙江摄影出版社
全国百佳图书出版单位

"大家好！我是住在银河系的小精灵。"
小精灵说。
　　"小精灵，我们想去太阳系春游，你能帮
忙带路吗？"小朋友们诚恳地问。
　　"没问题，包在我身上！"小精灵拍着胸
脯说。

火星

金星

地球

水星

海王星

天王星

土星

木星

　　出发之前，小精灵化身为小老师，给小朋友们
讲授了太阳系的基本知识。

　　"太阳系里有八大行星，它们都以太阳为中心
旋转。"小精灵说。

　　"哇，太阳真受欢迎呀！"小朋友们说。

接着，小精灵带着小朋友们去乘坐宇宙巴士。
"请大家系好安全带，我们要出发啦！"小精灵提醒道。

小精灵驾驶着宇宙巴士，飞速驶向了太阳系。

一路上，小朋友们见到了无数颗闪烁的星星，兴奋极了！

小精灵指着前方，笑着对小朋友们说："快看，那是海王星和天王星！它们是太阳系最外侧的两颗行星。"

"小精灵，这是什么星？"
"它好像在转呼啦圈！"
"这是土星，它的周边围绕着美丽的土星环。"

小精灵指着前方的卫星，笑着说："土星有八十多颗卫星，它们是土星的忠实小跟班，围绕着土星运行。"
　　"有一颗卫星特别大！它是谁？"小男孩问。
　　"它是土星最大的卫星，叫作泰坦。"小精灵答。

离开了土星，宇宙巴士向另一颗巨大的行星驶去。

"天哪，这个大家伙是什么行星？"小女孩问。

"它是木星。其他七颗行星加起来，都没有它的质量大！"小精灵答。

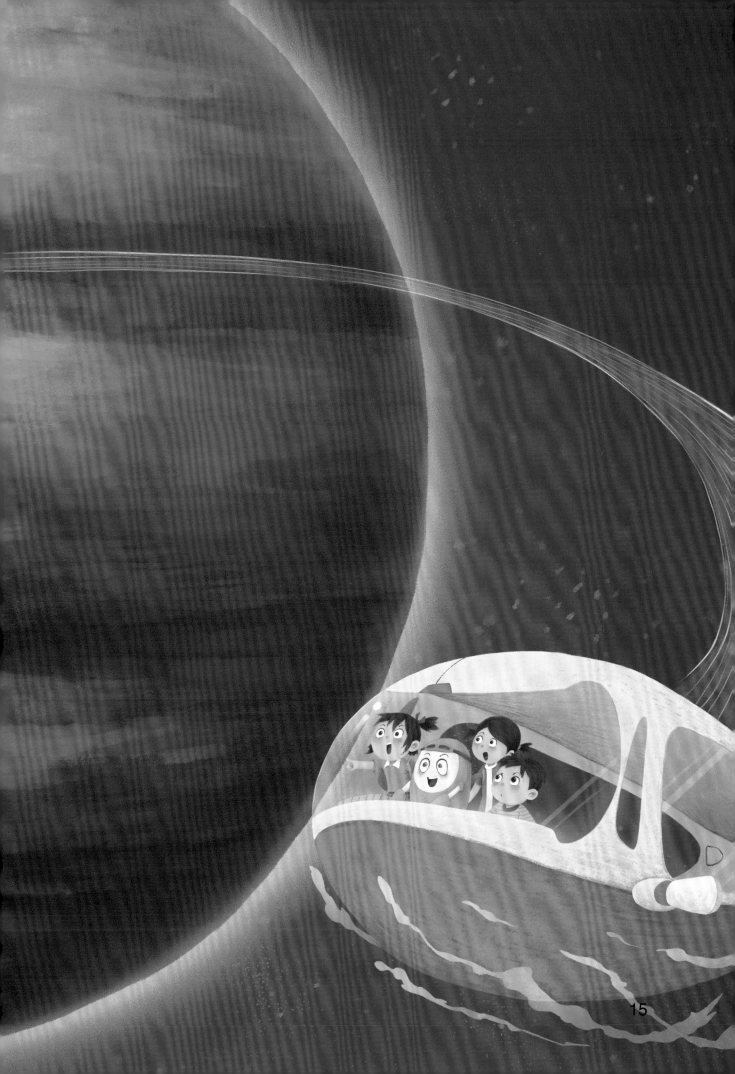

"小精灵，我们想去木星上逛逛！"小女孩问。
"对，现在可以停车吗？"另一个小女孩问。
"不，这恐怕不行。木星是个气态巨行星，上面充满了气体，基本没有陆地可以停靠。"小精灵答。

"大家注意！我们要穿越小行星带了。"
小精灵提醒道。
　　经过一段惊险刺激的旅程，宇宙巴士顺利
抵达火星。
　　小精灵告诉小朋友们："瞧，这个火红色
的行星是火星。和地球一样，火星也有四季，
还分布着火山、峡谷、河床呢！"

宇宙巴士继续向前行驶着。

突然，小朋友们的眼前出现了一个美丽的蓝色星球。

"哇！这是我们生活的地球吗？"小朋友们惊呼。

"没错。在太阳系中，我们目前所知道的唯一有生命存在的星球，就是地球。"小精灵笑着说。

当宇宙巴士驶离地球，金星出现了。
"小精灵，金星有什么特点呀？"小女孩问道。

"金星的自转方向跟其他七颗行星不一样，它喜欢自东向西转。所以，在金星上，太阳从西边出来！"小精灵笑着说。

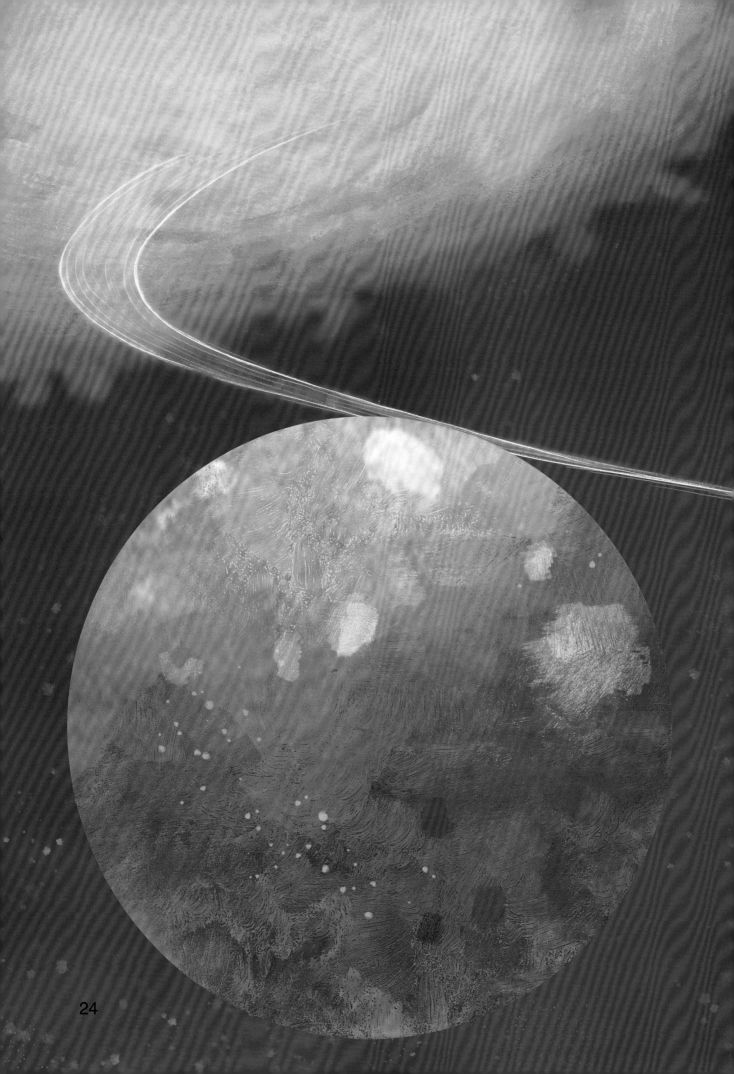

从金星离开，小朋友们来到了离太阳最近的水星。

"水星上都是水吗？"小朋友问。

"不，其实水星上并没有水。在水星上，白天和晚上的温差很大！"小精灵答。

由于离太阳很近，小朋友们热得直冒汗。
小精灵急忙调转方向，带着小朋友们返回地球。
"小精灵，谢谢你带我们游览了太阳系。"小女孩说。
"太阳系很精彩！"小男孩说。
"真是一场奇妙的春游呀！"另一个小女孩说。

责任编辑　陈　一
文字编辑　徐　伟
责任校对　朱晓波
责任印制　汪立峰

项目设计　北视国

图书在版编目（ＣＩＰ）数据

了解太阳系 ：太阳系的奇妙春游 / 温会会文 ；曾
平绘 . -- 杭州 ：浙江摄影出版社， 2022.8
（科学探秘·培养儿童科学基础素养）
ISBN 978-7-5514-3977-0

Ⅰ．①了… Ⅱ．①温… ②曾… Ⅲ．①太阳系－儿童
读物 Ⅳ．① P18-49

中国版本图书馆 CIP 数据核字（2022）第 093470 号

LIAOJIE TAIYANGXI : TAIYANGXI DE QIMIAO CHUNYOU

了解太阳系：太阳系的奇妙春游
（科学探秘·培养儿童科学基础素养）

温会会 / 文　曾平 / 绘

全国百佳图书出版单位
浙江摄影出版社出版发行
　　　地址：杭州市体育场路 347 号
　　　邮编：310006
　　　电话：0571-85151082
　　　网址：www. photo. zjcb. com
制版：北京北视国文化传媒有限公司
印刷：唐山富达印务有限公司
开本：889mm×1194mm　1/16
印张：2
2022 年 8 月第 1 版　　2022 年 8 月第 1 次印刷
ISBN 978-7-5514-3977-0
定价：39.80 元